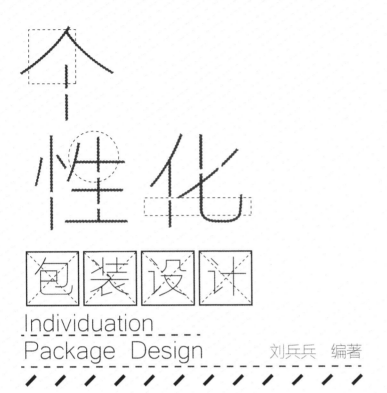

个性化
包装设计

Individuation
Package Design

刘兵兵 编著

U0322493

化学工业出版社
·北京·

本书以丰富的实例和生动的语言，解答了什么是个性化包装设计？为什么要进行个性化包装设计？怎样进行个性化包装设计？个性化包装设计的出路在哪里？等问题，并通过30个精彩的实例诠释了个性化包装设计的精髓，令人大开眼界。

本书适宜从事包装设计以及工业设计的专业人士使用。

图书在版编目（CIP）数据

个性化包装设计 / 刘兵兵编著 . —北京：化学工业出版社，2016.2

ISBN 978-7-122-25898-4

Ⅰ.① 个…　Ⅱ.① 刘…　Ⅲ.① 包装设计　Ⅳ.①TB482

中国版本图书馆 CIP 数据核字（2015）第 306519 号

责任编辑：邢　涛　　　　　　　装帧设计：尹琳琳
责任校对：宋　玮

出版发行：化学工业出版社（北京市东城区青年湖南街 13 号　邮政编码 100011）
印　　装：北京画中画印刷有限公司
710mm×1000mm　1/16　印张 6½　字数 78 千字　2016 年 3 月北京第 1 版第 1 次印刷

购书咨询：010-64518888（传真：010-64519686）　售后服务：010-64518899
网　　址：http://www.cip.com.cn
凡购买本书，如有缺损质量问题，本社销售中心负责调换。

定　　价：39.00 元

所谓"个性化"是以大众化为基础，并超越其上，具有独立特质的一种说法，即个性。同理，"个性化包装设计"是指在买方市场细分和目标消费者分化的情况下，采用不同于常规的设计形式令产品脱颖而出，并以小批量的数目来吸引目标消费者的包装设计。它作为包装设计的另类，不仅从其功能本身产生了突破创新的意义，更是从市场角度，具备了增加销售的意义，而且从更高层次的文化角度，具备了文化交流的涵义。

本着通俗易懂，以图释文的初衷，有几次推翻原定目录的过程，或是理论性太强，担心读者失去耐心；或是太像一篇论文，似乎是要证明什么论点；或是中规中矩的说教，且又毫无说服力。直到笔者把自己还原为一名读者，想着我要从书中了解什么？它能给予我什么答案？随后问题迎刃而解，因此提问式成为文章的叙述方式。

通篇以"个性化包装"为论述点，"4问"概念统管全局，标题提出问题，正文进行解答，以此种方式分为了四个章节：What、Why、How、Where。

"What"什么是个性化包装？

"Why"为什么会有个性化包装？

"How"如何进行个性化包装？

"Where"哪里是个性化包装的出路？

随着对"4问"的简单解答，但愿那些小小疑惑也会逐一明朗。

本书由以下项目资助出版：北京市专项——专业建设—建筑学（市级）PXM2014-014212-000039；2014追加专项——促进人才培养综合改革项目—研究生创新平台建设－建筑学（14085-45）；本科生培养－教学改革立项与研究（市级）－同源同理同步的建筑学本科实践教学体系建构与人才培养模式研究（14007）。

小小一本书，说来要感谢的人很多：感谢项目组的资助，使本书得以出版；感谢同学的引荐，省去了选择的烦恼；感谢包装作品的设计师们，优秀的作品让本书图文并茂。

由于水平有限，书中不足之处，请读者指正。

北方工业大学　刘兵兵

2015年12月

1. 什么是
个性化包装设计?
（What）

2. 为什么要
进行个性化包装设计?
（Why）

目录

5. 经典案例

目录

1. 什么是个性化包装设计？

（What）

随着时代的发展，生产和消费发生了翻天覆地的变化，以卖方市场为主的大量生产和消费的时代已经结束，进入了以消费者追求个性化商品和购物方式的买方时代。对于处于商品生产环节的企业来说，面对现代社会同质商品激烈竞争的境况，为凸显与市场上其他商品的区别，愈加重视商品的包装环节，并试图通过包装设计的个性化来实现最终的销售目的。而对于商品链条终端的消费者来说，对于商品的需求已经从单纯的物质需求转移到物质兼具精神需求的层面，消费者的需求刺激了生产领域的个性化产品及包装的出现，也意味着追求个性化时代的到来。

1.1　个性化包装设计的定义

所谓"个性化包装设计"是指在买方市场细分和目标消费者分化的情况下，采用不同于常规的设计形式令产品脱颖而出，并以小批量的数目来吸引目标消费者的包装设计类型。个性化包装既具有与普通包装相同的特质，如保护产品的基本功能和美化产品的装饰功能，又在设计理念、结构形态、材料应用和视觉传达等方面具有自我特质。从某种程度上来说，个性化是产品包装的重要特征，也是产品销售的关键因素。

1.2　个性化包装设计的特征

1.2.1　独特性

面对市场上千篇一律的包装形式，要让产品脱颖而出，让消费者在短时间内对产品有深刻的印象，必须通过包装独特的造型或者视觉效果来实现，从而

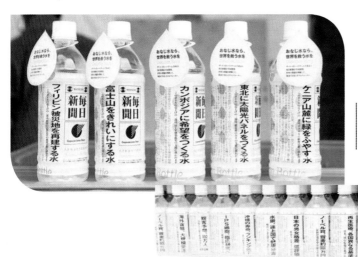

图 1-1
日本报纸矿泉水 NEWS
BOTTEL 包装

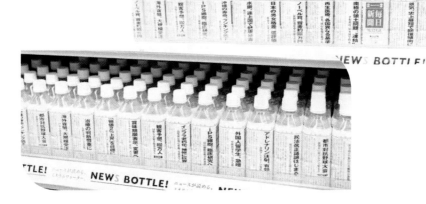

图 1-2
vin grâce 葡萄酒纸制容器包装

有了个性化包装的设计方向。独特性造就了个性化的包装特征，不仅两者涵义有异曲同工之处，而且具有前因后果的关系，旨在表现产品的新颖和与众不同，在产品展示和销售环节具有决定性的作用。

图 1-3
BZZZ 蜂蜜包装

1.2.2 小众性

要与市场上的普通包装区分开来，走在包装设计的前沿，就要开发新产品，创造新结构，了解新材料，熟悉新工艺等，并将这些融入到产品的包装设计中，以标新立异的形式吸引消费者眼球。这些特殊的要求和条件，注定了个性化包装设计不论是在成本方面，还是在销售定价方面，并不是面对大多数消费者的，而是以特定目标消费者群体为主的小众的设计。

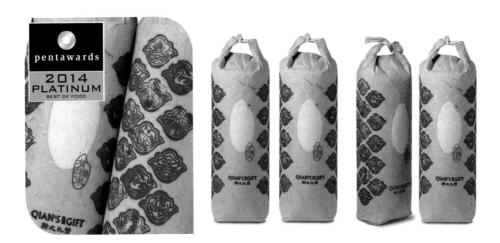

图 1-4
2014 年 pentawards 铂金奖 QIAN`S GIFT 包装

1.2.3 艺术性

个性化包装设计除了基本的保护功能之外，无一例外地增强了相应的视觉效果。许多普通包装本着节省成本的原则，以能达到基本的保护和装饰功能为目的，而个性化包装设计则强化了某些功能。有的个性化包装从造型方面强化了保护功能，同时也追求形式美感。有的个性化包装从视觉方面强化了装饰功能，

图 1-5
2015 年 pentawards
铂金奖农夫山泉

同时也追求视觉元素的版式美感。从某种程度上说，个性化包装是普通包装的艺术升华。

图 1-6
2015 年 pentawards 钻石奖 MARCJACOBS 化妆品

1.3　个性化包装设计的作用

1.3.1　强化包装视觉效果

前面说到，个性化包装是升华了的包装设计形式。在中规中矩、千篇一律的商品货架上，琳琅满目的同质商品，会让消费者眼花缭乱，面临商品选择的纠结。特点鲜明的个性化包装会因其造型、材料、视觉元素的独特性和艺术性，在视觉上更具冲击力和吸引力，并在瞬间引起消费者的好奇心和新鲜感，抓住消费者的使用与众不同商品的消费心理，从而产生销售的可能性。由此可见，个性化包装利用本身的特征增强了视觉效果，达到了强化品牌特征，促进销售的最终目的。

1.3.2　强化品牌的辨识度

个性化包装设计因其独特的样式，会给消费者留下深刻的印象，也使得它

图 1-7
one percent 运动品包装设计

可以在众多的货架商品中被辨认出来，甚至消费者看到某种包装就能联想到其品牌，起到了强化品牌的作用。对于企业来说，使用个性化包装设计可以培养忠实的品牌消费群体，他们认同品牌的理念、包装的样式，并与品牌形成良好的互动关系。因此，好的个性化包装可以引导消费者的消费观念和消费习惯，引领包装设计的潮流，探索包装设计的各种可能性。

图 1-8
深泽直人设计的果汁盒

1.3.3 无形的宣传效应

在很多情况下，起初消费者被货架上产品的个性化包装所吸引，会产生一系列的连锁反应，从而形成无形的品牌宣传效应。在被包装吸引的前提下，消费者对产品有了基本认知，在对产品认同的同时增加了对品牌的信任，甚至对于同品牌其他产品的尝试等。这种对于品牌口碑的无形宣传，是不需要企业付出宣传成本的，对于企业来说，可以将更多的成本投入到包装设计的探索和尝试中，从而形成良性的设计与销售的互动循环。

图 1-9
——幽灵船朗姆酒概念包装

1.4　个性化包装设计的意义

　　个性化包装设计作为包装设计的另类，不仅从其功能本身产生了突破创新的意义，更从市场角度，具备了增加销售的意义，而且从更高层次的文化角度，具备了文化交流的涵义。

图 1-10
FEATINA 防水手表包装

　　首先是包装功能的意义。个性化包装借助或者是特异的结构、或者是有趣的图形、或者是二次利用的创意，打破了对于商品的简单容纳和消耗的特性，超越了普通包装的含义，成为包装设计功能的延展和升华。

　　其次是商品市场的意义。鉴于市场上同类和同质商品的激烈竞争，如何从这些商品中脱颖而出，赢得消费者的青睐，并在大浪淘沙中站稳脚跟。个性化包装成为提高商品辨识度和增加销售量的重要手段。

　　再次是包装文化的意义。个性化包装不再仅仅关注包装的基本保护功能，而是通过融入人的情感因素，注入地域文化、民族特色、地域习俗等方式，达成文化交流的使命。

图 1-11
对白茶舍的茶叶包装

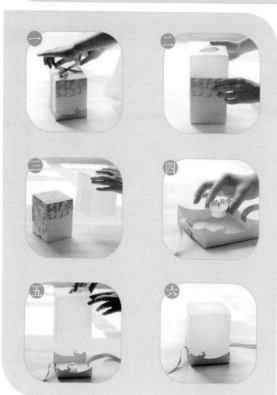

2. 为什么要进行个性化包装设计?
（Why）

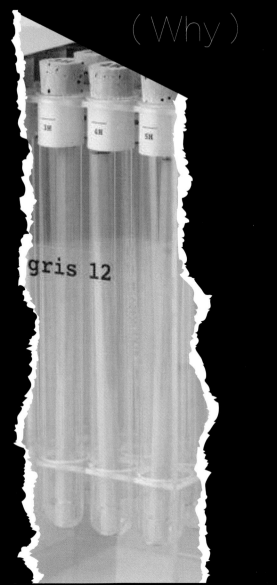

2.1 "以人为本"

在包装设计领域，设计的主体是人，产品销售的对象也是人，包装设计既要基于专业角度的思量，又要面对市场和消费者的考验，以此为据提出"以人为本"的理念。

2.1.1 设计师视角的引导

在包装设计中，设计师是设计链条中的核心，具有设计者和消费者的双重身份。作为设计师，以专业的视角和素养，扮演着引导消费潮流的角色，唤起大众对消费习惯和生活理念的关注，甚至可以提升大众的审美品位。作为消费者，察觉和体验生活中的需求，进而以专业视角进行分析。个性化包装是设计师面对琳琅满目和缺少变化的商品包装，所提出的解决方案，个性化包装的诞生是设计师求新求变的专业需求，也是消费者个性张扬的需求，两种需求合二为一就产生了个性化包装的最终结果。这种结果既满足了作为设计师和消费者的需求，也丰富了包装设计领域。

图 2-1
瑞士设计师 Kevin Angeloni 设计的
gris 12 铅笔包装设计

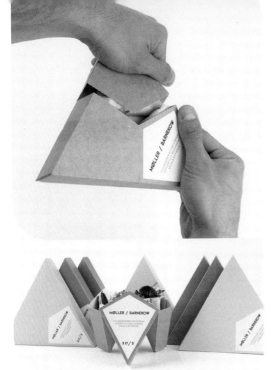

2.1.2　消费者主体的需求

消费者主体的需求分为生理需求和心理需求两大部分。生理需求是人的第一需求，即人的基本需求，是人赖以生存的基本条件。只有先满足了基本的生理需求，才会有其他更高层次的需求。在日益丰裕的现代社会中，物质产品极大丰富，消费者不再仅仅满足于生理需求，而有了心理等层面的需求，这也是个性化包装的源头。消费者通过选择个性化包装来获得归属感和认同感，来宣扬自己的与众不同之处，从而在心理上得到安全和尊重。因此，消费者主体的需求在某种程度上影响着个性化包装甚至是包装设计的发展趋势。

图 2-2
Moller Barnekow 三明治包装

图 2-3
Freia melkebart 巧克力包装

图 2-4
Christmas Tea 包装

2.2　社会角度的考量（市场的需求）

　　与其他艺术形式相比，包装设计不仅仅是设计师的主观创作，更是以市场需求为核心的实用艺术范畴，它与市场经济活动联系更加紧密，处于设计个性化和商品市场化的双重要求下。

2.2.1　市场规律的要求

　　市场的基本特征是交换，在交换中形成了价格、供求、竞争等规律。产品要与市场上其他的同质产品区分开来，就需要用个性化的设计来实现。作为商品不可或缺的重要组成部分，个性化的包装会促进商品销售量，改变在同类商品中的比率，提高其市场占有率，达到经济利益最大化。从市场角度来看，包装设计作为促进销售的手段，不再是可有可无的配角，而成为对市场规律产生

图 2-5
Soligea 果实橄榄油包装

重要影响的因素。因此，个性化包装要在实践中把握好设计的市场化和个性化，在市场中创造个性，在个性中开拓市场。

2.2.2　企业发展的必然

面对产品日益细化的市场，许多企业进入了发展的瓶颈期，传统意义上的标准化包装开始失去了对消费者的吸引力。企业要想重新赢得市场，并得以发展，必须经过创新的洗礼，其中个性化的包装就是创新的手段之一。为了增强产品竞争力，继而增加经济效益，企业开始寻求标新立异的个性化包装来重新赢得市场。个性化包装以迎合消费者心理需求的形象，消费过程中的易携带性、安全性、环保性和方便使用等细节，成为部分消费者的目标。因此，个性化包装是企业创新的手段，也是企业创新的结果，是企业打造个性化品牌的重要环节，也是企业品牌文化内涵的体现。

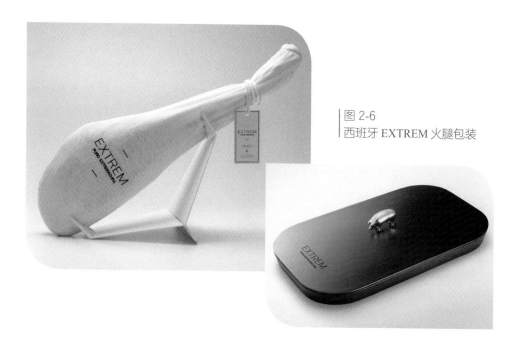

图 2-6
西班牙 EXTREM 火腿包装

2.3 文化发展的结果（文化的需求）

从纵向的社会文明角度上来看，个性化设计是文化发展到一定程度的产物。工业化时代倡导的理性和功能不再是主旋律，人性关怀式的设计成为了设计领域的主导。

2.3.1 文明进步的阶段

在工业化时代，以功能为核心的"设计场"，关注的是产品本身，包装设计主要以保护和运输的基本功能为主，具有机械、批量、重复、快速的特征。随着时代和技术的发展，以功能为主的包装设计不再是焦点，转而以人文关怀为主导的个性化创新成为包装设计的新视角。个性化包装关注的是人本身，以解决消费者的使用以及心理精神层面需求为关键，具有人性、亲和、创新等特征。由此可见，个性化包装的出现与发展，是产品到人的关注点变化的结果，更是时代的需求和文明发展到一定程度的产物。

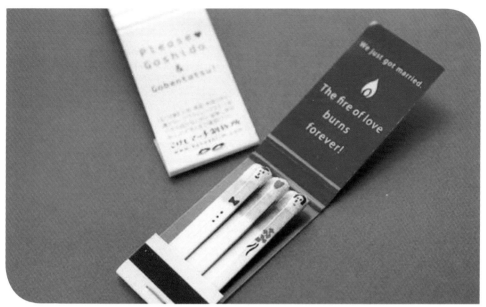

图 2-7
——
日本的火柴盒设计

2.3.2 信息时代的必需

互联网时代是信息化的时代，网络购物成为大众生活的常态，在这种商品集中营销的模式下，对于普通包装的视觉呈现，消费者已经处于麻木的状态，这就更需要有针对性的个性化包装来激发他们的购买欲望。由于网购的特殊性，除了商品本身的包装，商品快递过程中的外层包装，也是个性化包装设计得以延展的设计空间。网络时代购物方式的改变，给设计带来了无限的可能性，个性化包装设计的应用必将成为新的营销模式关注的方向。

图 2-8
土耳其 Miller Boom Box
收音机型啤酒包装

3. 怎样进行 个性化包装设计？ （How）

3.1 个性化包装设计理念的引导

设计理念是设计的"核",它把握着设计的全局,主导着设计的路线,规定着设计的程序,选择着设计的材料,确定着设计的结果。在包装设计领域,设计理念同样是重点,它是个性化包装设计的基础,干预着个性化的具体实施过程,指导着个性化包装设计的发展方向。

图 3-1
日本午餐包装

在现阶段,人类面临着自然资源日益减少甚至枯竭的状态,在设计领域提出可持续的宏观设计理念,是基于环境保护的初衷,也是对设计的考验。可持续设计是基于人与自然平衡关系的设计规划,它倡导在设计过程的每个阶段都要充分考虑到环境因素,提出了好的设计在它的"生命"循环中,不论是在使用期间,还是回归自然后,都尽量减少对环境的污染和伤害,甚至给环境带来益处。这种以环境为前提的设计规划,它不仅考虑现世,而且规划未来,在某种程度上来说,是人类自救的手段之一。设计师应以这种大的设计规划为前提来思考或创意具体的个性化包装设计,不仅要考虑到包装的现实功能,也要考虑到包装对环境的最终意义，减少不易分解材料的使用，尝试结构上的多种可能性，使用后的包装能够回收再利用等。由此可见，可持续设计理念不仅是技术上的选择，更是思维上的革新。

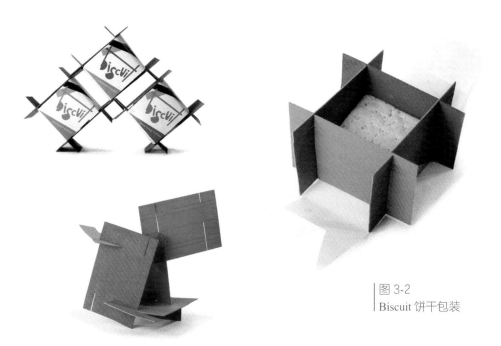

图 3-2
Biscuit 饼干包装

3.1.1　个性化包装设计与人体工程学

所谓"人体工程学"是以人的生理、心理为基本依据，分析研究人与机械、人与环境、人与人等之间的相互作用，为人、机、环境的配合达到最佳状态提供理论支持的科学，它是涉及到结构学、设计学、材料学、力学等的交叉学科，它为包装设计提供相应的科学依据，其核心思想是"以人为本"。

人体工程学是以人为研究对象的科学，个性化包装设计是以人为服务对象的实用艺术，两者的主体相同。科学为设计提供数据支持，设计为科学提供反馈，更好地印证了　"以人为本"的理念。以人体工程学为基本科学理论，对销售对象从性别、年龄、职业、使用习惯等角度进行详细的分析和研究，得出的数据可以更好地应用于包装设计中，这是个性化包装的发展途径之一，也是科学与设计的完美结合，科学为设计服务，设计则为科学证实。

图 3-3
Natura Sou 沐浴品包装

人体工程学理论在包装设计中的应用就是在本质上减少人使用工具或者物体时候的疲劳感，其设计形态要尽可能地适应人体的自然形态。在进行包装结构设计时，首要考虑的就是人体的自然结构，使人在使用包装时，达到手物一体的状态，这是包装结构形态的最高境界，也是"以人为本"核心思想的体现。这种从人体工程角度来进行的包装设计，一般来说，都是技术含量较高的个性化包装设计。

图 3-4
日本 ADK 设计的定型发胶包装

3.1.2 个性化包装设计与仿生设计学

"仿生设计学"是以仿生学和设计学为基础发展起来的新的设计方向，它主要以自然界万物的外部特征和内部构造为参考对象，选取有价值的特性或者结构，例如"形状"、"功能"、"结构"等，在设计中应用或夸张某些特征和结构，从而起到延展设计的作用。

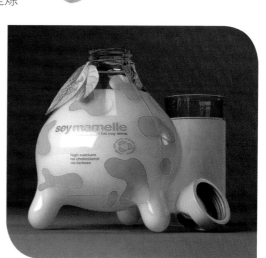

仿生设计学是对自然界的物种提炼模仿而诞生的设计理念，它不是对自然万物的直接搬用，而是以实物为摹本，兼具模仿和创造的特征，它的创造性与个性化包装设计的创造理念不谋而合，成为个性化包装设计的发展方向之一。

仿生类型的包装结构，因设计理念来源于自然，设计师会从商品的形状或者使用功能等方面来进行包装外形的创意思考，除了满足最

图 3-5
俄罗斯品牌 KIAN 的牛奶包装

基本的保护商品的功能之外，还要从艺术性和美感的角度来进行考虑，既要保留被仿生物最重要的形态特性，又要抽象简化某些不重要的结构。仿生设计往往具有一定的趣味性，让消费者在瞬间能够辨识物品，对品牌或商品留下深刻的印象。

图 3-6
Kimberly-Clark 设计的抽纸巾包装

3.1.3　个性化包装设计与环保理念

所谓"环保包装"是从结构和材料等方面进行创新和探索的包装设计，它是现代包装设计的发展方向之一，与可持续设计理念相辅相成，以环境保护为前提，以人类的可持续发展为目标。

从包装结构角度来看，环保包装为个性化包装设计提供了新的平台，其中"重复利用"是环保理念的主题之一。"重复利用"的理念有多种设计表现形式，其中之一就是可以通过改变包装的结构形态来达到目的。可通过设计师对结构的合理设计，使商品的包装与其他附加功能结合在一起被消费者直接利用。也可以通过结构的改变和设计给消费者留有再创作的空间，使商品的包装可以通过消费者的简单再创造具有新的使用功能。

"单体整合"也是环保包装的一种，它的精髓在于将单个要素组合成整体，把个体和部分通过某种方式进行组合，形成有价值的整体。这种方式可以是结构方面的组与分，也可以体现在附加在结构上的图形或者符号，组合在一起可

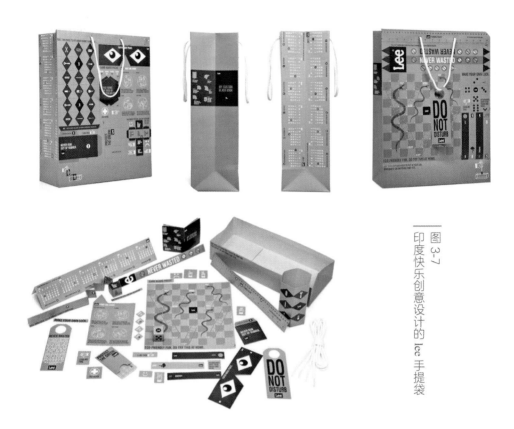

图 3-7
印度快乐创意设计的 lee 手提袋

以形成完整的图案，单独放置时也具有独立的使用价值。"单体"与"组合"的理念成就了新的设计思路。关于环保包装的方式，是对包装功能的进一步深化和推广，也是个性化包装设计的发展方向之一。

图 3-8
挪威设计师 Mats Ottdal 设计的 Frisk 儿童酸奶包装

3.1.4　个性化包装设计与概念性包装

"概念性包装"是与应用设计不同的概念，主要是以探索为目的的设计，一般不用于正常的商业渠道。它的价值在于可以展示最新的科技手段和传达最新的设计理念，甚至可以将不同领域的结构相结合进行探索和发展，形成超越常规的包装形态，为个性化包装提供了无限的可能性。

图 3-9
Debowa 伏特加木质包装

概念包装设计以创新为本，试验为基础，以未来为导向，是一种创造性思维的体现，具有丰富、深刻、前卫、科技等特征。它不以普通商业生产为目的，是创意诞生的场地，它主要用于探索结构和材料的各种可能性，拓展新的思维方式，为个性化包装设计提供了新的思路。

图 3-10
花瓣造型的酒包装

图 3-11
棺材造型的香烟包装

概念包装设计涉及的范围广阔，可以从功能、运输、销售、材料、表现等方面进行挖掘，提炼概念，深入主题，表现最前沿的设计理念和设计水平，因此，概念包装设计具有无限的可能性和创造性，这也为个性化包装设计的探索提供了丰富的营养和新的沃土。

3.2 个性化包装设计的手法

3.2.1 通过包装结构的变化来体现个性化

从设计的组成部分来看，包装分为包装结构和包装视觉两大部分，结构以商品形态为基础，视觉元素以结构为载体，两者相互制约，相互促进，变幻出各种各样的商品包装。要与普通包装有所区别，并产生强大的市场效应，其一就要从结构形态上另辟蹊径，通过"习惯性"包装、"延展性"包装和"高颜值"包装等角度进行分析并指导实践。

3.2.1.1 "习惯性"的包装结构

所谓"习惯性"是指一种定型性行为，经过反复练习而形成的语言、思维、行为等生活方式，也称作习惯性行为。而"习惯性包装"是在保留原始包装结构的情况下，置换其中的商品，其商品的属性与原始商品有所不同，在延续人们对于原有商品认知的情况下，达到一种出其不意的效果。

习惯性包装的实践是从更改包装物角度出发，通过借用一些常见的包装结构，将商品进行替换，从而产生不同的效果。它不仅给消费者的视觉习惯一定的冲

图 3-12
T 恤衫包装

击力，也使原有包装的用户的使用习惯会被延伸到新产品上。从设计角度来讲，习惯性包装是一种"偷梁换柱"的改造手段，它利用人的视觉习惯，通过"旧瓶装新酒"的商品置换方式，达到包装再利用的设计目的，实际上是一种环保设计理念的体现。

（1）利用原有包装结构

保持包装结构的原有形态是习惯性包装的特征之一，主要利用的是原有包装物的结构形态在消费者印象中的记忆作用，以及与结构相关的联想信息，例如结构中的物品，物品的属性，物品的使用经验，使用物品产生的实质结果等。如图中的包装结构，消费者瞬间的认知是香烟，但实际上的内装物并不是人们日常生活中所认知的香烟，而是胡萝卜条。错误的认知来源于与烟盒完全一致的结构形态。

图 3-13
烟盒结构的胡萝卜包装

图 3-14
Cigaret tea 包装

（2）不同的包装商品属性

商品属性的改变是习惯性包装的重点，只有在保持包装形态不变，而商品属性更改的情况下，习惯性包装的概念才能成立。虽然新包装物和旧包装物之间并无必然联系，有时是出于商品形态的相似性，有时是因为包装物属性的反相性，有时仅仅是由于设计者从有趣角度进行的表达。一般来说，替换的包装物，与原有包装物有着截然不同的属性，例如有害健康的香烟，可能会替换成有益健康的商品。

图 3-15
药品结构的蓝莓产品包装图

图 3-16
薯条结构的芹菜产品包装

（3）包装的视觉形象与包装物符合

视觉形象是包装设计中的重要元素，它是体现包装物的主要途径。在习惯性包装中，不论是原有包装物还是替换包装物上的视觉形象，都具备相同的特质，就是形象设计与包装物必须一致。

（4）包装使用习惯的延伸

习惯性包装中，基于包装的结构，消费者会将对原有物品的使用习惯，延伸到现有包装的使用中。例如原有包装的开启部位和习惯，原有包装的使用方法等。同样的习惯会使消费者在使用时产生惊喜和意外感，从而强化对新商品的印象。

从某种程度上来说，"习惯性包装"是一种连续性体验设计方式。它不仅是包装结构的再利用，也是消费者消费习惯的再利用。习惯性包装作为新的包装形式，具有保持结构形态不变，只更改包装商品属性的基本特征。它是以两种商品为基调，探讨包装物之间关系和延伸习惯关系的课题。它的作用主要体现在包装结构的再利用，对消费者认知的刺激，对消费者生活习惯的改良等。

习惯性包装设计的使用，是设计师从自身角度试图改变不良生活习惯，追求健康生活的方式。总之，习惯性包装不仅拓展了包装设计的范畴，也是现代包装设计探索的新视角。

图 3-17
易拉罐结构的尼康 T 恤衫包装

图 3-18
Vernissage 葡萄酒手提袋

3.2.1.2 "延展性"的包装结构

众所周知，包装的基本功能是其保护功能，这是包装之所以为包装的基本条件。除此之外，现代包装具有的促销功能和宣传功能，也成为包装的附加功能。因此，保护功能和宣传功能成为现代包装的两大基本功能。

而我们所要探讨的"延展性"包装功能是基于保护和宣传功能之外的设计。在保护产品的基础上，主要通过包装结构的变化，延展其他的功能，例如有效空间整合功能、再利用功能等。有些功能可以在较小的空间内容纳更多的产品，减少包装的材料用量。有些功能则可以达到"一包多用"的目的，在使用完其原始包装产品之后，可以使用这个包装的延展功能，另作它用，达到再利用的价值。

图 3-19
集锦式文房四宝包装

利用功能延展进行的包装设计，一是可以给现代包装结构设计带来了无限探索的可能性，让包装变得更加有趣，为包装设计师们拓展了新的道路；二是延展设计带来再次利用的可能性，也会减少包装废弃物的数量，从而为环境污染问题做出一点贡献；三是在倡导绿色环保的现代社会，从"包装"这个点开始，唤起人们的环保意识，引导人民的环保行为。

图 3-20
Butter.better 黄油包装

（1）包装后续功能的延展方向

包装功能延展的理念是原始包装的再利用，这种再利用不仅是指原本形态的功能利用，还有除却这种原始功能之外的后续功能。这种方向的延展是设计师在保证产品的保护功能之外，通过改变包装的造型和内部结构，来增加包装的使用价值，达到延长包装的使用周期的目的。这种延展的方式可以提高包装的利用率，减少包装废弃物的数量。例如有"中国白酒第一坊"之称的"水井坊"包装，其原包装在使用完之后，它的后续功能是烟灰缸。在2001年的第30届美国包装设计奖评选中，水井坊的包装设计荣获"莫比乌斯"金杯奖。这与这种包装功能的延展理念的运用不无关系。因此可见，包装的后续功能与原始保护

图 3-21
水井坊包装

功能可以不存在必然的联系，只要从结构上能达到后续功能标准即可。

图 3-22
OLIO D'OLIVA 橄榄油包装

（2）与产品存在联系的延展方向

与产品存在相关联系的延展方向，是指除了原始的保护功能之外，新功能的延展要与内部包装的产品产生一定的联系。这种新功能的体现主要还是通过包装结构的塑造来达到。例如鞋盒与凳子，包装鞋子的包装盒，在完成它的包

图 3-23
鞋盒

装保护使命之后，可以放在家庭的鞋柜处作为穿鞋用的方便凳，达到"一盒两用"的目的。这"两用"需要存在一定的联系，才会让内部产品的使用更加的合理和方便，同样可以达到包装再利用和减少废弃物的目的。因此，与产品存在联系的延展方向，需要跟内部包装产品存在一定的联系，两种功能的结合可以增加产品的销售魅力。

（3）包装视觉元素装饰的延展方向

包装视觉元素装饰的延展方向与上两种延展方向相比较，更加的直观和灵活。这种方式不需要更多的考虑包装的结构问题，更多的是从图形元素方面考虑其延展性。例如 2010 年 Ebay（易趣）"简单绿色船舶"的试验性包装，包装概念强调的是环保互利和保护地球。除了环保理念之外，几个外包装叠合时，图形是一棵不断生长的树，这种延展性不仅有意义，而且有趣味，增加对使用者或消费者的吸引力。因此，包装外在装饰的延展方向，装饰的图形元素需要与产品有一定的联系，而且要更加体现其环保的理念。

图 3-24
易趣包装盒

通过合理的结构设计，探索减少包装废弃物的方法，达到环保和保护资源的目的，是现在许多设计师在进行的设计探索。包装功能延展方向的提出，并试图将这些延展的方向进行理论的总结，希望对包装设计师起到抛砖引玉的作用。

3.2.1.3 "高颜值"的包装结构

"颜值"一词是最近流行的网络用语，"颜"指人的容貌，"值"是指外貌英俊或漂亮的程度，"颜值"就是容貌的分值，翻译成英文就是"face score"。将"颜值"的概念植入包装结构设计后，笔者延展了其涵义，"颜值"除了结构形态外观上的视觉冲击力，更是蕴含了消费者的使用利益和企业的销售利益。

图 3-25
彪马 "Clever Little Bag" 手提鞋盒

让商品从繁多的产品中脱颖而出，短时间内吸引消费者的眼球，并能完成销售的目的，提高"颜值"是关键。如何提高"颜值"，是我们探讨的主要目标，也是商品销售链条中的重要环节，在同质产品中，它是关系到产品能否变成畅销商品的关键。从设计实践角度来看，依据产品的属性形态，从"技术工艺"、"气质风格"、"形态结构"等角度入手，通过"技精工美"等具体方法的使用，达到提高包装结构"颜值"的目的，进而追求增加销售量的最终结果。

（1）技精工美法

图 3-26
Callegari 高档橄榄油包装

　　精湛技术和精致工艺的设计方法主要针对的是高质商品，这些商品的消费群体或高端或小众。设计时要考虑消费群体的需求和使用场合，同时结构要新颖巧妙，工艺要精致细腻，以追求卓越的品质为目标。用此种方法设计的包装已超越单纯保护商品的物质功能，更多追求的是包装精神功能带来的愉悦感。在包装设计领域，对于技精工美方法设计的品质型包装的探索成为设计师们的追求目标。

　　（2）技术核心法

　　所谓"技术核心法"的设计手法，是以技术为核心，与商品形态与属性相融合，创造出不同以往的设计产品。包装技术的不断创新，拓展了包装结构的各种可能性。而包装设计师们的创意，也为包装技术的发展起到了推波助澜的作用。科技的加入不仅改变了包装的结构，也能使消费者享受到科技带来的便利。

　　（3）合理夸张法

　　合理夸张法的设计初衷是以激发消费者童真心理为出发点，在适度的范围内超出现实，引起消费者的共鸣。一般来说，合理夸张的设计手法具有幽默诙谐，色彩艳丽，图形夸张等特征，产生的强烈视觉冲击力，容易在第一时间抓住消

费者的眼球。另外，合理夸张的手法具有参与性与互动性的特征，消费者完成
购买行为后与包装的良好互动，会为商品巩固客户群提供良好的基础。

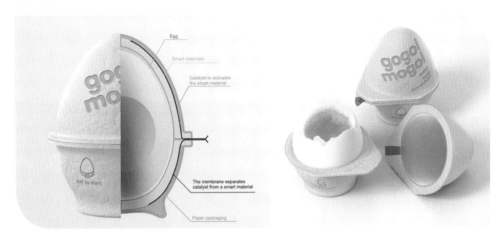

图 3-27
Gogol Mogol 加热鸡蛋包装

图 3-28
Trident 口香糖包装设计

（4）以形示韵法

所谓"韵"是指含蓄的意味，它是上升到一定高度的美学总结，属于现代
审美品评的范畴。这种类型的设计手法，主要以文化和高品质产品为主，产品
本身具有特定的美学意味。对于此类设计手法的使用，设计师需要较高的文化
修养和设计素养，不仅要深入了解产品，更要能提炼产品的精髓，转化成形与
韵的结合。以形示韵的设计方法不再单纯追求形的美好，更要引导消费者去体

会精神层面的完美。

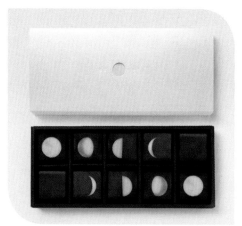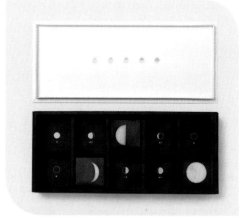

图 3-29
Citrus Moon 月饼包装

（5）模拟提炼法

模拟提炼法是仿照自然界的生物或者物体进行设计的手法，它不是面面俱

到的模仿，而是选取生物最精华的特征，经过人
为的提炼和重组，塑造成全新的作品。模拟提炼
设计理念的运用，是人与社会的良性互动，我们
从生活中摄取灵感，诞生的作品服务于社会。模
拟提炼的设计形态具有新颖独特、灵活多变的特
点，且具有一定的趣味性，容易激发消费者的好
奇心和购买欲。

图 3-30
ZEN 香水包装

（6）一体多用法

环保是现代包装设计一直以来的研究课题，除了从技术角度的材料环保创新，将生态环保理念引入包装设计思维中，从包装结构的角度入手，利用包装功能的延展和包装结构的二次利用，也是包装环保的新途径。一体多用法的使用，不仅让包装设计满足于技术和功能上的需求，为消费者提供真正便利的同时，更满足于社会以及环境的可持续发展需求。

图 3-31
Ford Jekson 果汁包装

（7）单体整合法

单体整合是包装结构中关于部分和整体的关系，所谓"部分"就是包装的组成体之一，它既可以是单独的空间体，又能为整体服务，组合成完整的结构。对于设计师来说，单体整合的包装既可以采用一板成型的结构，也可以是多个独立体的组合。这种设计手法的包装结构往往体量大，容纳商品数量多，有利于商品的营销。

众所周知，在包装设计领域，结构是设计的关键，它不仅能提供商品得以保护的空间，亦能使必要的视觉元素得以呈现。面对同质商品迅猛发展的态势，依靠单纯保护商品的结构和五彩斑斓的视觉编排已不足以引起消费者的关注。

设计师应依据商品设计出更加合理的包装结构，从而增加包装结构的"颜值"，占据货架主位，吸引消费者的眼球，从而达到占领市场的目标。

图 3-32
香港 Astrobrights 系列包装

3.2.2　通过视觉表现来增强个性化

如果说包装结构是商品的容器，那么视觉元素就是传达商品具体信息的载体。与普通包装设计一样，个性化包装也包含色彩、图形、文字等视觉元素，消费者依据这些视觉元素的组合所传达出的信息来进行商品的辨识，信息越清晰被选择的可能性就越大，反之就越小，在某种程度上信息的清晰度与消费者的选择成正比。依据这个原则，个性化包装可通过强化信息的方式达到吸引消费者的目的。

图 3-33
EAT&GO 三明治和汤的
便携式包装

3.2.2.1 色彩是个性化包装的灵魂

色彩是视觉上最直观的形式要素，它能产生瞬间的视觉印象，成为吸引观者的核心元素。色彩作为商品包装的元素之一，是产品最重要的外部特征，在信息传达中具有不可替代性。个性化包装设计可以通过强化色彩的灵魂地位，使它更加明确地表达信息和吸引消费者的眼球。

图 3-34
DOMECA 糖粉包装

色彩具有色相、明度、纯度三大基本属性。所谓色相就是颜色的样貌。现实中所有的色彩都是由红、黄、蓝三原色组成的，它是现实中所有的色彩的"源头"，它通过各种比例的调和，形成世间万物的色彩。三原色之间相互等量调配，可以产生绿、橙、紫三种间色，与原色相比，间色更加自然和谐。在色彩学上，原色与间色可以形成三对互补关系，红与绿、橙与蓝、黄与紫。互补关系的两种颜色应用于个性化包装设计中可以产生强烈、醒目的对比，在同质产品的货架上更容易短时间吸引消费者的注意力。

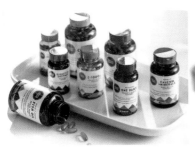

图 3-35
维生素包装

　　明度是颜色的明亮程度。明度分为两种，第一种是不同色相的明度差别，第二种是同一色相的明度差别。在色环中，不同的色相具有不同的明度差，黄色是明度最高的色彩，紫色是明度最低的色彩，黄与紫不仅是互补关系，而且明度差别最大，所以这也会使个性化包装设计应用时产生出其不意的视觉效果。另一种是同一种色相可以通过添加白色或黑色来调整色彩的明暗层次，这种明暗应用于不同的设计元素可以使个性化包装设计的层次丰富起来。

图 3-36
Glutati On 药品包装

　　纯度是色彩的纯净度，主要是指颜色中所含有色成分的比例。有色成分的比例越高，色彩的纯度就越高，有色成分的比例越低，则色彩的纯度就越低。改变色彩纯度有两种方法，一种是加入白色或者黑色，使色彩纯度变高或者变低。另外一种是通过加入色彩的补色，使纯度有所改变。一般来说，在个性化包装设计中，高纯度的色彩是把双刃剑，刺激消费者眼球的同时，容易产生焦虑不安的视觉心理，因此在设计中不适宜大面积或者高强度的出现。

　　对比和调和是色彩的两大主旋律，从某种程度上来说，如果说对比是手段

图 3-37
Squish Candies 包装

的话，调和才是设计师要追求的目标。在进行个性化包装设计时，设计师要依据包装的商品主体进行色相的选择，之后基于色彩的明度、纯度属性进行色彩的配比、调整、元素安排，形成和谐的包装视觉元素组合。

图 3-38
迪士尼乐园油漆包装

（1）运用色彩的方法

在现代包装设计中，色彩主要是通过图形与文字来体现的。色彩或附着于文字之上，来确立文字的重要性和信息传达的清晰度。或附着于图形之上，成为吸引消费者眼球的重要信息源。个性化包装设计的色彩具有同样的性质与特征。作为设计师，在重视图与文的融合时，更加强化色彩的个性与情感表现，色彩的个性化也能成就包装设计的个性化。

（2）色彩面积分配

在个性化的包装中，依据商品的类型，可以在主色彩旋律中，通过色彩面积的划分，加入对比色或者调和色。即使在色相上是对比色，但面积上的不等比划分，也会产生调和的视觉效果。个性化包装设计能把握好不等比色彩的划分特征，在远距离注视商品时，小面积的色彩被弱化，产生单一主色彩的效果，在近距离观察时则能产生弱对比的效果，为丰富个性化的包装提供了条件。

图 3-39
Simpsons 饮料包装

图 3-40
SAMUEL PROFETA 饮料纸盒包装

（3）运用同一色系

在个性化包装的视觉设计中，最简单的方式就是通过同一色系的运用达到视觉调和的目的，选择色环中相近的色彩进行设计，或在同一种色彩中加入白色或黑色进行色彩明度的变化，以形成和谐的设计氛围。在进行个性化包装设计时，同一色系的运用可以产生不同的视觉层次，起到丰富画面效果的作用。

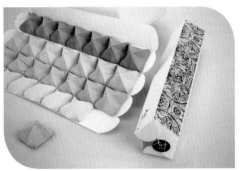

图 3-41
七叶园艺包装

（4）降低对比色

同一色系或相邻的色彩是天生的和谐色，但运用对比色也可以营造和谐的色彩氛围，方法就是降低对比色的明度和纯度，或者在对比的两种色彩中加入同一种色彩，例如加入白色或黑色，使本来针锋相对的色彩变得柔和起来。在个性化包装设计中使用柔和的对比色，既保留了对比的初衷，又增加了和谐的气氛。

图 3-42
AFRiCAN 休闲鞋包装

（5）利用色彩心理

每种色彩都有其特定的视觉特征，依据这些特征产生了色彩的冷与暖、轻与重、膨胀与收缩、前进与后退、兴奋与沉静、华丽与朴素、活泼与庄重以及色彩的味觉和季节等各种不同的心理感受。这些心理感受反映到个性化包装设计中，就是对消费者心理的把握，设计师如果能利用好色彩的视觉特征，就能起到事半功倍的作用。

图 3-43
灭火器包装

由此可见，个性化包装设计中的色彩元素不仅要依据内容物来选择和应用，也要考虑到不同的色彩具有不同的个性和情感，商品与色彩的个性要达到一致的状态。商品的属性决定色彩，消费者则通过色彩来了解商品，形成了商品内容到色彩表现再到消费者认知甚至购买的消费链。

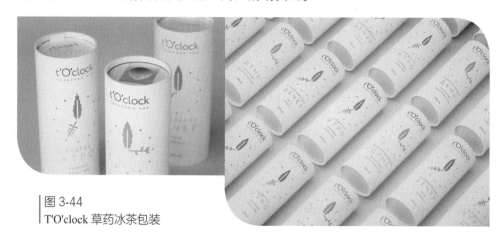

图 3-44
T'O'clock 草药冰茶包装

3.2.2.2 图形选择权的确立

图形在个性化包装设计中是掌握着"话语权"的元素，作为一种视觉语言，它通过图形或者图像的方式传达直观的商品信息，为消费者提供购买商品的选择权。图形不仅是商品的直接呈现，也是时代背景下文化因素的综合表现。

图 3-45
西班牙 Elio Di Luca 高级咖啡果汁饮料包装

包装设计中的图形分为具象图形、抽象图形、意象图形。依据商品的种类和消费者定位，确定选择何种图形来进行表达和展示。具象图形是对自然物象的塑造，在包装设计中多以摄影图片和绘画形式来表现。偏重于日常生活的包装，多用具象图形。这种形式能直接反映商品的形态和样貌，让消费者可以在短时间内做出判断。抽象图形是以点、线、面等几何图形构成的形象。抽象图形具有概括、简洁的美感特征，抽象图形不如具象图形的表现直观，但是可以同样传达商品信息，设计师要特别注意图形意义的联想和形式美感。包装产品偏重于心理的，多采用抽象图像。意象图形，也可以理解为半具象图形，是人从理想化角度进行的主观创造，具有想象力、超现实的特征，意象图像往往是现实生活中的综合体，并有一定的象征意义。这种类型的包装使用广泛，

图 3-46
具象和抽象的蜂蜜包装

内容涉及日常用品、食品、礼品等。个性化包装遵循图形的原则和表现形式，在应用时更要注重消费者定位、商品的种类和形态等，以更好地选择适合的图形种类。

（1）合适的图形表达形式

图形作为视觉语言，在个性化包装设计中有产品再现，产品联想，产品象征，利用品牌名称，产品的使用方法等多种表达形式，这些形式会对设计信息、设计美感、设计效果和设计销售产生影响。

（2）利用品牌名称

利用品牌名称是最简单也是最直接的一种图形表现方式，它通过呈现品牌名称或标志的手法，减少设计程序的同时，却是强化品牌宣传和培养消费者群体的好方法。

图 3-47
衣架包装设计

（3）产品再现

所谓"产品再现"就是利用摄影或者写实绘画的方式来表现商品，往往将食物或人物宣传的照片直接展示在包装上，是最直接的产品展示方式，使消费者能够直接了解包装里的内容物，以便产生供需之间的对接。

图 3-48
蔬菜海鲜汤的包装

（4）产品联想

产品联想是以情感为媒介，消费者凭借生活经验，由此及彼的一种思维方式。在个性化包装设计中，产品的联想一般都是由产品本身的形态、成分、使用以及产品的历史、产品产地的风俗习惯等角度来思考，借由图形表现的方式对产品有更深层的刻画，使消费者能够对产品有更多的认知。

图 3-49
英国 Old Guard 啤酒包装

（5）产品象征

产品象征是不直接表现或传达产品信息，而是通过一种隐喻的方式，来指代一种生活方式或者生活状态。如果图形选择恰当，它比产品的直观表达具有更强的表现力和冲击力，也更容易给消费者留下深刻的印象。

图 3-50
——日本护发产品包装

（6）产品的使用方式

产品的使用方式是利用介绍产品使用步骤的图形表现形式，让消费者通过包装图形就可以了解和熟悉产品的使用，这种人为的表现方法可以让初次使用此种产品的消费者能够得心应手，同时可增加产品的说服力。

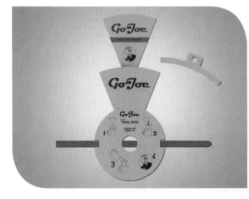

图 3-51
便携式咖啡包装

3.2.2.3 与内容相衬的字体选择

文字作为包装设计中的视觉识别符号，是传达产品信息必不可少的组成部分，个性化包装设计中视觉传达可以没有图形，但是不能没有相关的文字。包装设计中的文字具有双重功能。其一是信息识别的功能，文字主要功能就是传达信息，设计师把产品相关文字信息通过专业手段进行归类和编排，形成清晰传达产品信息的格式；其二是体现商品内涵的功能，文字作为一种视觉元素有时会转化为包装上的图形，承担着体现商品特质和传播品牌的任务，所以文字的合理运用能清晰阐述商品的内容和分类，让消费者轻松了解商品的信息。

图 3-52
KUTASY 葡萄酒包装

个性化包装设计中文字的选择既要具有识别性，又要讲究形式美。形式美是与文字的构成有关的，不同的字体具有各自的形式美感，同时会呈现出不同的个性和特征，如能将特质相似的文字与商品相结合，商品本身的内涵也会得到更好的体现。

（1）文字的位置与层次

包装设计上有多种文字类型，其一为品牌形象文字，包括品牌名称、商品品名、企业标示名称、企业名称等；其二为广告宣传文字，也就是广告语；其三是说明性文字，主要包括产品用途、使用方法、生产日期、保质期、注意事项等。

图 3-53
小团圆大米包装

（2）处于视觉重点的品牌文字

文字作为重要的信息传达元素，在进行个性化包装设计时，设计师要依据文字的重要性来确定其位置和大小。品牌文字作为文字中的重中之重，通常处于包装正面的视觉重点位置，通过独立空间展示、色彩处理、设计字体、字号变大等手段进行强化，使其具有设计感强，层次突出的特征。

图 3-54
Sa Pilsen 啤酒包装

（3）灵活的广告文字

广告宣传文字是包装设计中为强化产品和宣传产品而设计的文字，内容针对性强，位置多变，视觉冲击力适中，应比品牌文字小，以免喧宾夺主，是处于中间位置的文字元素。

图 3-55
Charlie's 饮料包装

（4）说明性文字

说明性文字是关于产品的具体说明，涉及的内容较多，但又是包装中必不可少的文字元素。它一般处于包装的侧面或者背面，设计时需要规划每组类别的文字，以便更好地传达关于产品的信息。

图 3-56
Helderberg Wijnmakerij
葡萄酒包装

在个性化包装设计中，可以通过强化图形、文字元素之间的比例关系、色彩关系、位置关系等方式，遵循对比、和谐、均衡、韵律等的艺术特征，形成视觉上的空间层次。版式设计要做到疏密有致、虚实呼应，才能真正表现出设计的个性化特征。文字个性化的表现形式有很多，字体风格、组合形式等千变万化，不论是何种形式表现，清晰的传达产品信息和吸引消费者购买才是最终目的。

3.2.3 通过材料选择来强化个性化

在现代包装设计领域，常见的材料有纸、玻璃、塑料、金属、木材、布、陶瓷、复合材料等。这些材料属性不同，质地各异，依据其特点，并结合产品，可以设计出千变万化的个性化包装。

图 3-57
Crabtree Evelyn 品牌包装

3.2.3.1 商品特性与包装材料

在包装设计中，材料是包装的物质基础，商品属性是包装材料的决定性因素。首先，材料的选择要具有基本的保护功能，是实用价值的体现。包装材料的使用不仅要承受运输过程中的冲撞、压力等，还要保护商品不被外界环境氧化和侵蚀。因此，包装材料的实用价值要以商品特性为前提，以保护商品为目的。

图 3-58
谷乡古社"中国好米"染布铝盒包装

其次，包装材料的艺术价值，主要是通过材料肌理与纹路的展现，以自然的方式融入包装的形象之中，形成包装的独特风格，这为个性化包装设计提供了一定的发展空间。选择包装材料时要考虑与商品的一致性，只有两者融为一体，才能更好地展示商品，给消费者留下深刻的印象。

图 3-59
GAEA-oil&vinager
非透明的玻璃包装

3.2.3.2 包装材料的视觉肌理

包装材料有自然材料和人工合成材料，都具有质地、肌理、色彩等特征，质地或平滑、或粗糙，肌理或纵横交错、或高低不同，色彩或鲜亮、或朴实，因而可以产生不同的视觉效果。在进行个性化包装设计时，不论是图形还是文字，都可以利用材料的各种属性，将其融合，使包装变得更加富有创意和情趣。

图 3-60
THE BOIS 实木罐茶叶包装

3.2.3.3 包装材料造型设计与创新

包装造型设计是依据商品的形态与特性，利用材料、结构和技术创造的包装立体外型的过程。造型以材料为基础，材料以造型为媒介，两者相辅相成，塑造完整的包装形态。现代包装造型的种类有盒式、袋式、篮式、管式、瓶形、罐式等，这些造型的式样是与包装材料密切相关的，材料的特性决定了它的造型局限，例如玻璃材料具有透明度高、可展现产品的特征，但因其质地坚硬，无法制作成袋式等的结构形态。因此，材料是造型的基础，它的特点决定了包装的形态和样式。

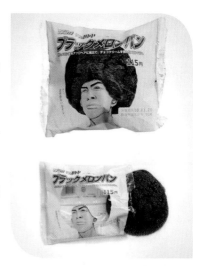

在现代包装设计领域，包装材料的可回收或者包装的二次利用等设计理念，是我们追求的可持续包装设计观的体现。可回收是指包装

图 3-61
塑料材质的包装

材料的无污染，通过回收可减少对环境的破坏。二次利用是指通过造型设计的方式增加包装的使用频率和次数，使包装的使用达到最大化，以控制对自然资源的使用。

图 3-62
玻璃和黏土材质的
日本百年杉酒包装

　　不同的材料具有不同的属性，设计师在进行个性化包装设计时，应本着持续设计的观念，不论是在结构设计方面，还是材料选择方面都应使其自身属性达到极限，利用现代技术手段来进行包装结构的个性化创新和改良。

图 3-63
纺织材质的 Yule Jol 伏特加包装

4. 哪里是个性化
包装设计的出路?
（Where）

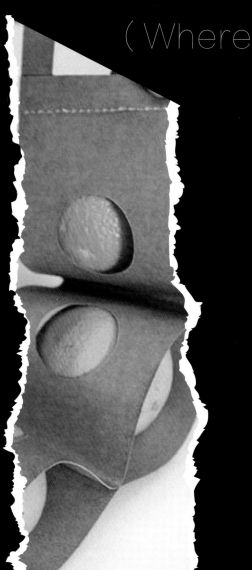

基于"个性化"的商品包装，在当前乃至今后相当长一段时间内会是包装设计的潮流和趋势，对企业的创新改革，对包装设计师的创意思维，对消费者的购买行为，甚至实现人类社会的可持续发展都有着极大的促进作用。个性化包装设计作为包装设计中的另类，可通过多种方式来体现。

4.1 "绿色化"的包装设计

随着国民经济的迅速发展，伴随而来的是人民生活水平的大幅提高，同时也带来了包装"过饰"的问题，这些问题背后是各种资源的浪费，更严重的是有些使用过后的包装废弃物不可回收而导致环境问题，这种现象与政府提倡的绿色环保理念恰恰相反。

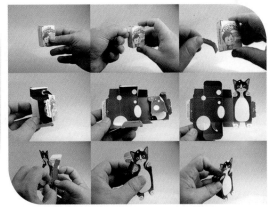

图 4-1
Stafidenios 葡萄干包装

对于设计师而言，除了追求包装对于产品的保护功能，以及对于产品的宣传销售功能之外，当务之急的，是对于包装功能延展设计的认识与思考。这种方法不仅可以减少包装废弃物的数量，大大减少环境污染问题，而且可以增加包装的利用率，无形当中为产品做了宣传。设计师可以通过包装功能的延展也就是基于保护和宣传功能之外的设计，通过包装结构的变化，延展其他的功能，例如有效空间的整合功能、再利用功能等。功能延展不仅可以给现代包装结构设计带来无限探索的可能性，让包装变得更加有趣。而且延展设计带来再次利用的可能性，减少包装废弃物的数量，为解决环境污染问题做出一点贡献，从而唤醒人们的环保意识，引导全民的环保行为。

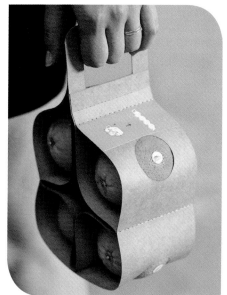

图 4-2
橙子手提包装

4.2　"人性化"的包装设计

现代社会的商品琳琅满目，其包装样式也是种类繁多，有的包装极尽奢华，采用最先进的材料和印刷工艺；有的包装草草了事，只是尽到了保护商品的单纯功能；有的包装设计似乎做到了设计理念和包装工艺的统一，但真正打动消费者的不多。面对此种境况，人性化包装设计被提上了日程，设计者讲求以设计打动和温暖人心，以便更好地实现商品的销售。

图 4-3
"桃宝"魔盒包装

　　人性化的包装设计是从人的心理需求角度来探索设计的可能性。首先要了解消费群体的心理、需求等，以便于不同的消费群体走进商品或者超市，能在最短的时间内找到自己需要的商品，这就需要设计师通过色彩、结构、版式等元素予以传达；其次是包装结构使用的便利性，例如购买后的提携和使用，不会给消费者造成负担，反而会给人带来使用的愉悦感；再次是对于商品整体的五官感知，舒适的触感，让人放松的嗅觉体验，具有吸引力的视觉感受等，让人们在接触时能够身心愉悦。人性化包装设计不仅仅考虑包装的基本保护功能，而是从"人"的视角出发，了解人的需求，探索人的心理，符合人的感受，设

图 4-4
Klotz 珠宝包装

计师需要将这些体验转换成各种物质元素呈现在包装设计中，与消费者需求相呼应。

4.3 "民族化"的包装设计

中国是有五千年文明的国家，传承下来的文化因子数不胜数，对传统元素的应用和传统精髓的把握，是设计师取之不尽的设计宝库。但是传统元素的应用，并不是对民族文化元素的直接照搬，而且从博大精深的传统文化中吸收形、神、色等的精髓，并融合现代包装设计的技术工艺，在此基础上寻求具有民族风格的设计创新思路。

从消费者个体来说，民族化的包装可以让部分消费者产生认同感。现代工业化的钢筋混凝土，各种商品铺天盖地，让物质生活极大丰富的同时，内心有对纯朴拙真的渴望。民族化包装设计的出现引起部分消费者的共鸣，迎合了他

图 4-5
台湾百年福茶包装

们的需求，并产生购买消费的结果。从更高的层次来讲，民族化包装设计不仅仅是设计领域的问题，更是国家走"中国创造"之路的方式之一。我们国家现在处于"中国制造"的阶段，包装设计处于初级阶段，要实现文化多元化和迈向国际化，就必须进行民族化包装设计的探索和创新。在区域文化激烈碰撞下，设计师必须要以本民族文化为根，吸取外来文化中的可取之处，才能立于国际设计舞台，从近几年世界级别的包装竞赛可以看出，获得国际奖项的中国设计师的作品，无一例外都是以中国传统文化为切入点，采用传统材料或传统工艺，展示我们传统文化元素中的优秀基因。

图 4-6
茶早点包装

5.
经典案例

5.1　日本水果品牌 UnifruittiJapan 的"幸福香蕉"包装

　　这是由日本创意设计工作室 Nendo 设计的一款超越传统理念的包装，产品是产自菲律宾专供日本市场的香蕉。香蕉上采用了双层贴纸标签，第一层模仿了香蕉表皮的黄色质感和肌理，甚至保留了香蕉擦伤和变黑的特质；第二层模仿了香蕉的白色果肉，撕开的贴纸上印香蕉的文字信息。手提袋采用了同样的理念，正面模拟的是香蕉叶的造型和肌理，反面印有香蕉的成长历程和相关信息，可折叠成盛装香蕉的手提袋。

5.2　Matazaemon 醋包装

　　由 Taku Satoh 设计的 Matazaemon 醋外包装，以创始人 Matazaemon 的汉文名字作为主要视觉符号，里面包括了关于公司概况的小册子、简单食谱、不同寻常的水滴式圆形醋瓶、木质的底托。整体设计简洁且设计感十足，用完的醋瓶可以当作花瓶，充分体现了二次利用的价值。

5.3　Codorniu 卡瓦酒包装

　　西班牙的 Mika Kanive 、 Jose Luis Garcia Eguiguren 和 Clara Roma，共同设计了 Codorniu 卡瓦酒的包装，外包装为波点镂空的圆柱形，消费者可以透过镂空看到橘红色的卡瓦酒，形成内外呼应的视觉效果。圆柱的底座上设计有可以安放蜡烛的凹形，用完之后的外包装可以继续发挥作用，变身为一款新颖的烛光灯具，堪称绿色包装的典范。

5.4　EVO 节能灯泡包装

　　Evgeniy Pelin 设计的 EVO 节能灯包装以灯具的造型为基础，塑造成梯形包装结构，结构整体呈左右对称式，不仅能更好地保护产品，而且正反放置时节省了空间，打破了单调的货架摆放，形成既有规律又有变化的货架效果。顶部的悬挂设计是整体包装闭合的关键，可折叠，可以根据使用场合随时调整。

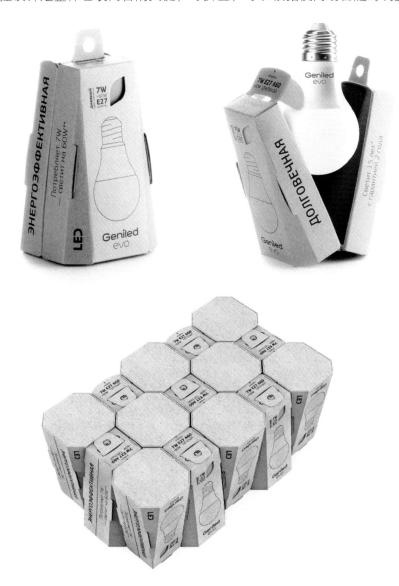

5.5 乐蛋包装

作为易碎品被小心翼翼对待的鸡蛋，在乐蛋的设计团队中有了新的突破，这些来自中国台湾的学生们采用了全新的透明 PVC 包装材料，并设计了可缓冲鸡蛋在碰撞时产生的破坏力的充气式结构。为了彰显这些未受污染鸡蛋的可贵，甚至设计了生日、春节和圣诞节版本的包装。鸡蛋包装有一个装和三个装，有方便提携的手提设计。

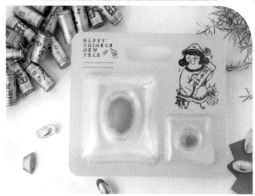

5.6 FIREWOOD 伏特加酒包装

名为"FIREWOOD"的伏特加酒包装由白俄罗斯设计师 Constantin Bolimond 设计，它取代了我们习惯的玻璃酒瓶形象，整体形态类似被修正过后的原木树桩，枝桠则是瓶口，木纹肌理和红色文字让人联想到柴火的温暖感觉。

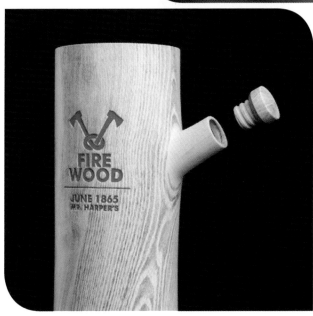

5.7　Gloji 灯泡果汁包装

相信这款以灯泡作为包装的果汁饮料会让看到它的人过目不忘，虽然灯泡是人们熟悉的造型，但出乎意料的使用途径为它赢得了掌声，为此它获得了2008 年 Pentwards 饮料类的金奖。包装整体是晶莹剔透的玻璃材质，不同口味的果汁为包装增加了绚丽的视觉效果。为配合果汁颜色，瓶体上印制了金、银色的品牌名称和说明文字。

5.8 FUTBOX 鞋包装

与大多数方形的鞋盒相对，FUTBOX 梯形鞋盒的设计不仅在造型上取胜，根据鞋码随时调整盒体大小是核心创意。这款开窗的 FUTBOX 鞋盒侧面采用了折叠式设计，依靠松紧带的伸缩来调整盒体的高低，以适应于不同码数的鞋子。这种方式不仅可以减少鞋盒制作的成本，而且会让鞋子与盒体更加和谐。

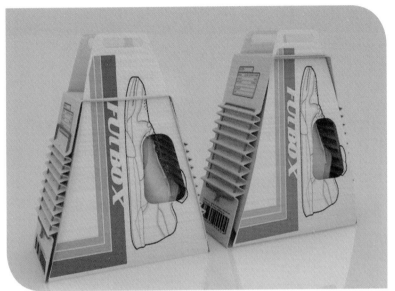

5.9 Honey 蜂蜜包装

　　设计的创意方式之一是从产品本源找灵感，俄罗斯设计师 Maks Arbuzov 和 Pavel GubinHoney 设计的蜂蜜包装采用的就是这种创意形式，以蜂巢为出发点，玻璃瓶体为六边形设计，底部设计有凹型，正好可嵌入瓶盖，不仅符合蜂巢的创意需求，而且便于装箱和运输。与瓶盖连接的取蜜棒，具有实用性和美观性。

5.10 Top Paw 便携狗粮包装

　　设计师 Ben Yi Design 为宠物品牌 Top Paw 设计了方便实用的便携式狗粮包装，梯形纸盒形态，在包装开口处设计了类似于餐盘的结构，带狗外出时省去了既要带狗粮又要带食盆的麻烦，一举两得，而且可根据狗的食量决定倾倒到食盆中的狗粮，包装的手提式把手也让狗主人提携方便。

5.11　Kid O 玩具包装

　　玩具品牌 Kid O 的最新包装由纽约设计工作室 Studio Lin 打造，包装结构简洁大方，橘黄色的 Kid O 令人印象深刻，剪影式的单色玩具图形色彩鲜艳，容易吸引儿童的注意力，盒面上的"1+"和"6m+"是指玩具适合儿童的年龄阶段。另外，不同规格的盒体可以当作积木，也便于套叠以节省空间。

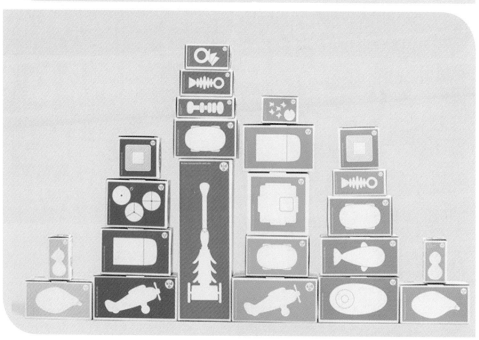

5.12　Pinar 果汁牛奶系列包装

　　Pinar 果汁牛奶包装的独特之处在于，它是由两种结构的包装组成，一种是圆形结构，一种是葫芦形结构，而每种类型的结构上都设计有螺旋凹槽，是为结构之间的连接之用。不同口味的果汁牛奶，采用了不同的颜色和视觉元素进行呈现。饮用完之后的包装可以二次利用，将凹槽与瓶盖拧紧，组成各种各样的玩具。

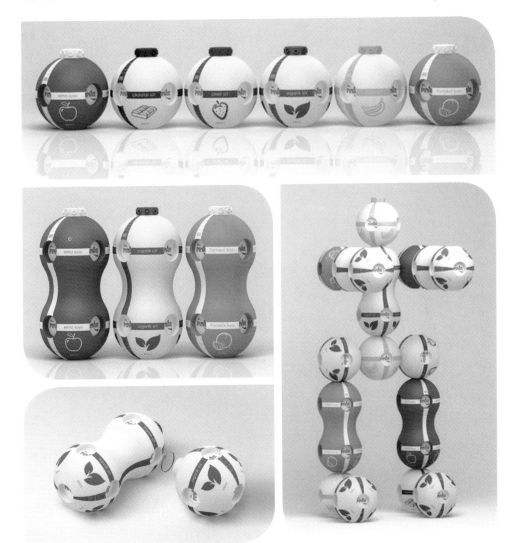

5.13 Smith 领带包装

Smith 领带包装由一张纸设计而成，可卷起可展平，其形态取决于存放空间的大小，旅行时可以卷起节省空间，平时可还原为衣架样式悬挂于衣橱之中。包装未使用黏合剂等，依靠的是包装结构的互相咬合，包装上的切口便于领带的展示与取拿，是可持续发展的包装案例之一。

5.14　TADA 工具系列创意包装

与大多数完全闭合的包装不同，TADA 工具采用的是敞开式包装形式，可以悬挂展示。趣味化是 TADA 工具的包装亮点，工具放置于多张纸板叠加形成的空间内，依据工具的造型，选择属性与之匹配的动物，将两者合二为一，动物图形中包含着工具，而工具是动物的"武器"。

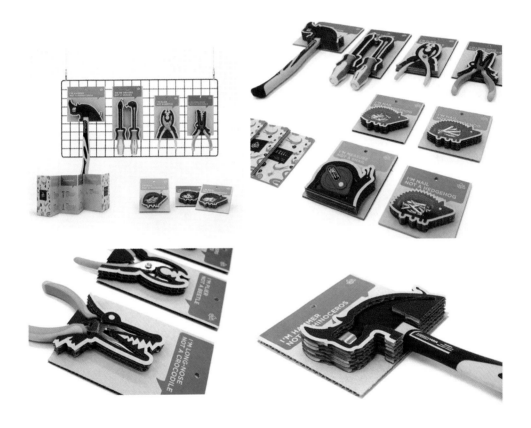

5.15　Y Water 包装

　　Y Water 又是一例二次利用的包装典型，它是针对儿童的低卡路里饮料，单体形态为 Y 形，饮料颜色与瓶盖一致，由聚酯材料制作，在完成包装的基本功能后，利用连接结构将瓶子转换成玩具，实现它的再利用价值。

5.16 RIREI 创意毛巾包装

包装设计的创意方法有很多，其中一种是利用产品局部或产品特征进行设计的延展。依据此法，借橡皮和毛巾共同的清洁功能，RIREI 毛巾取代橡皮的位置变成了铅笔的一部分，而且毫无违和感，这种方式不仅突破毛巾包装的固有模式，趣味性的形式更容易赢得消费者的喜爱。

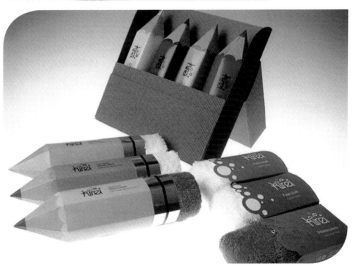

5.17　喜力啤酒

　　来自设计师 Petit Romaine 的 Heineken Cube 喜力啤酒包装设计，超出了人们对于传统啤酒瓶的认知，将常规的圆柱形变成了方形，为了保持了方形的基本形态，特意将瓶口设计在凹下去的一角，不仅利于叠放和运输，似乎更是视觉上的新鲜感和生活方式的倡导。

5.18 垃圾袋设计

　　带有日期的垃圾袋由设计师 Yurko Gut Sulyak 设计，这是一个全新的视角，设计师按照每月的天数来进行垃圾袋的设计和包装，这种带有日期的垃圾袋，可能会让我们对新的一天充满期待。袋子由可降解的材料制作而成，不会造成环境污染。

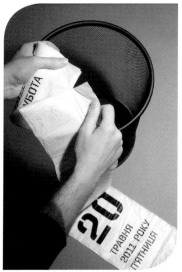

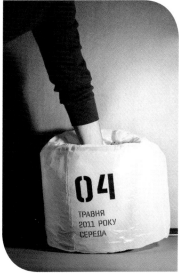

5.19　Absolut Tune 伏特加新酒包装

伏特加新酒（Absolut Tune）是绝对伏特加（Absolut Vodka）和葡萄酒品牌 Brancott　Estate 的结合，是绝对伏特加从味觉方面进行的全新创意。酒瓶的开启方式比较特别，首先要按照标识撕开完整包裹的外包装，好像参加晚宴的贵妇，褪掉外面的精致黑白外套后，呈现出光彩照人的高档金色礼服。酒瓶包装采用了不同的材质和装饰工艺手法，整体设计比较奢华。

5.20 Gawatt 心情咖啡杯

亚美尼亚 Gawatt 餐厅的外卖咖啡杯套装设计，是设计工作室 Backbone Branding 的作品。一般外卖咖啡杯都是以简单品牌 Logo 的形式进行宣传，但这款咖啡杯被赋予了新的涵义，它希望以融入消费者的情绪为切入点，为消费者的生活带来更多的乐趣。咖啡杯由杯套和杯子两部分构成，消费者可以通过旋转杯套或杯子，看到快乐、无趣、难过三种不同的卡通人物表情，能够在玩乐中找到心情的共通点，是人性化设计的体现。

5.21　懒人大米包装

　　Park Kyungran, Kim Miyeon & Gho Hyejin 是韩国的三位设计师，她们针对那些不太会做饭的年轻人，从生活的便利和节省时间角度出发，设计了一次性的大米包装。淘米时只需要将水倒入米袋中摇晃，然后通过袋口的小孔倒掉淘米水，之后再次加水至作为标准参考的蓝色水位线，然后将米和水一起倒入饭煲即可。

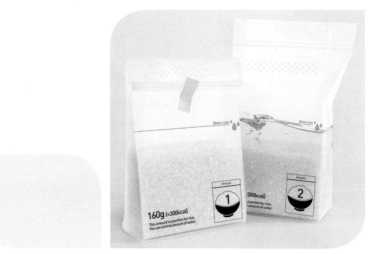

5.22　Naked 女性护理产品包装

　　这是一套会害羞的包装，名为"Naked"，中文意为"裸体的"，由俄罗斯设计师 Neretin Stas 设计，整套护理产品的包装是嫩粉色，类似于人的肌肤，人手触碰时，触碰点的周围会变成红色，像是害羞的少女一样，这种效果得益于设计师采用了感温变色涂料，也意喻着女性应该被温柔对待。包装的形态并不是常规的几何形，而是可以与手轻易融合的不规则形，这种形态更容易产生柔软的视觉效果。

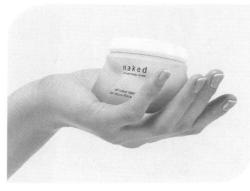

5.23　年年有鱼大米包装

"年年有鱼"谐音"年年有余"，象征一年收成的富足，是典型的中国传统吉祥语言。这款年年有鱼的大米包装是丰番农产的有机产品之一，设计师 Johnson Xiang 在设计中抓住了传统文化的精髓，融入了中国特色的各种元素，形态上是对传统米袋的延续，塑造成了可手提可肩扛的一体式鱼形布袋；材料是兼具透气性和环保性的白色帆布；以传统蜡染工艺印制的蓝色鱼和麦穗等成为整个包装的亮点。

5.24　Leuven 袋装啤酒包装

　　如果说到啤酒的包装，我们能想到的除了易拉罐和瓶装，还能有什么形式？而 Leuven 啤酒的包装让我们眼前一亮，它用透明袋来盛装液体啤酒，啤酒的颜色也许会让消费者心痒难忍，设计师 Wonchan Lee 用不同寻常的方式凸显了Leuven 啤酒的个性，而平板组合的方式让消费者携带啤酒回家的路上即拉风又方便。

5.25　Spine Vodka 包装

如同透明人体，金色的骨骼清晰可见，让人看过就忘不掉的 Spine Vodka 包装。德国设计师 Johannes Schulz 将伏特加酒深入骨髓的特点在包装中进行了精确的表达，晶莹剔透的玻璃瓶体配合立体的金色骨架，让人产生强烈的好奇心和观看欲望。

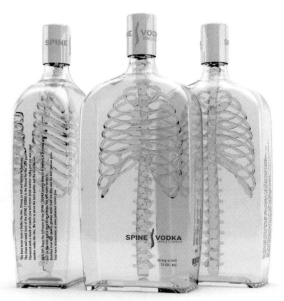

5.26 葡萄之血 (blood of grapes) 酒瓶设计

这款造型模拟心脏的葡萄酒瓶设计，是白俄罗斯设计师 Constantin Bolimond 的作品，灵感来源于葡萄酒是"葡萄的血"的说法。黑白陶瓷的心脏形酒瓶，装饰着被割断的血管，质地光滑，造型形象。黑白为主的色调中，点缀着象征性的红色，更加符合"葡萄之血"的主题。

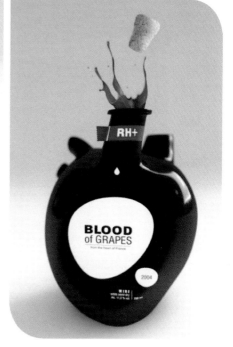

5.27　趣味怪物糖果包装

　　这款结构简单的糖果包装，因为怪物卡通元素的加入，而增加了更多的可能性。基于小朋友的好奇心和对糖果的喜爱，继而参与到打开糖果盒的行为中，随着打开的过程，小怪物的表情也发生着变化，这让小朋友的参与似乎有了给予性的价值。

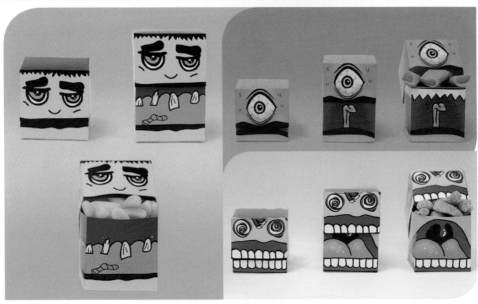

5.28 麦当劳套餐包装

在我们的生活中，麦当劳标准式的包装已经深入人心，每种产品都有其独立的包装，但存在着繁琐和不够环保的缺点。由设计师 Rob Bye 改造的新款外带包装盒，将汉堡、薯条和可乐三者融为一体，汉堡和薯条共用盒体，盒体延伸出来的纸板，既可以是汉堡和薯条的中间隔断，又可以放置可乐。整体结构整合了空间，节省了材料，结构上更加简洁而环保。

5.29 水果手纸（Fruits Toilet Paper）包装

看到这些新鲜多汁水果，我们想到的是食物、是饮料、是……怎么也想不到，这四个维生素含量超高的水果竟然是手纸的包装。日本行销公司 Latona Marketing 推出的鲜嫩系水果造型的手纸外包装，与常见以公司品牌为主的手纸包装不同，以西瓜、奇异果、草莓、橘子的肌理色彩为主，甚至设计了专供四个水果所用的木制托盘，这种对于不起眼物品的设计是生活品质的一种象征。

5.30 玫瑰火烈鸟（Rose Flamigo Wine）葡萄酒包装

　　这是一款优雅兼具热情的葡萄酒设计，设计师将火烈鸟的特点发挥到极致，修长的腿部特写、精致的体态线描、静立的安详神态，尽显包装整体的优雅。红色的酒、红色的火烈鸟，则是热情的象征。由二维瓶贴延伸至瓶底的立体火烈鸟腿部，是设计的亮点。